从前有座山

·比较大小·

国开童媒 编著　每晴 文　王炫予 图

国家开放大学出版社出版　国开童媒（北京）文化传播有限公司出品
北 京

从前有座山，山里有座庙，
庙里有一位老禅师和一个小沙弥。

一天，老禅师唤来小沙弥。

“我需要两样东西，一个是世上最大的，

一个是世上最小的，你去把它们带回来吧。”

最大的和最小的……

会是什么呢？

小沙弥想。

当
当
当

秋风扫过，钟声响起。

树叶小，梵钟大。小沙弥想。

可是……跟秋蝉比，树叶大；

跟石塔比，梵钟小。

小沙弥有些迷茫。

寺院比石塔大，这里没有什么比寺院还大的了。
小沙弥想。

秋风瑟瑟，落叶纷纷。

不对不对，山比寺院大。

小沙弥望向远方。

沙
沙
沙

还有什么比蚂蚁小吗？
还有什么比山大吗？
小沙弥朝着山下走去。

一滴露珠，

一颗被风吹散的蒲公英种子，

一粒沙……

它们一个比一个小。

一片湖，一方土地，一片天空……
它们一个比一个大。

所有的东西，跟比它小的东西相比，它就是大的。
所有的东西，跟比它大的东西相比，它就是小的。

秋风徐徐，水波粼粼。

小沙弥转身向着来时的方向，跑啊，跑啊。

“师父！我找到了！最大的是无穷的宇宙，我们就身处其中。最小的是尘埃，它无处不在。”

看着两手空空回来的小沙弥，老禅师笑了。

·知识导读·

在小沙弥的眼中，最大的事物是无穷的宇宙，最小的事物是尘埃。但随着现代科学的发展，孩子可能知道，比尘埃更小的东西还有很多，比如微观世界的细胞、分子、原子……也还有一些事物，始终在我们人类所能探知的范围之外，比如无穷大的宇宙之外会不会还有什么呢？这些问题家长都可以鼓励孩子思考。

不过，这本有关“比较大小”主题的数学绘本，并不打算深入探讨这些科学与哲学层面的问题，而是希望从数学思维的角度启示孩子，大和小是一对对比概念，任何事物只有通过比较才能说它是大还是小。相信孩子在读完这个故事后会对这一点有深刻的领悟。

家长可以在平时冷不丁地问问孩子某个事物是大还是小，启发并引导孩子去理解“大”和“小”的相对性，在生活中体会观察事物和进行数学思考的乐趣。

北京润丰学校小学低年级数学组长、一级教师　蒋慕香

思维导图

小沙弥找了很久，才找到了他觉得的“最大的事物”和“最小的事物”。他是怎样找到的呢？请看着思维导图，把这个故事讲给你的爸爸妈妈听吧！再想一想，你觉得什么事物最大？什么事物最小呢？

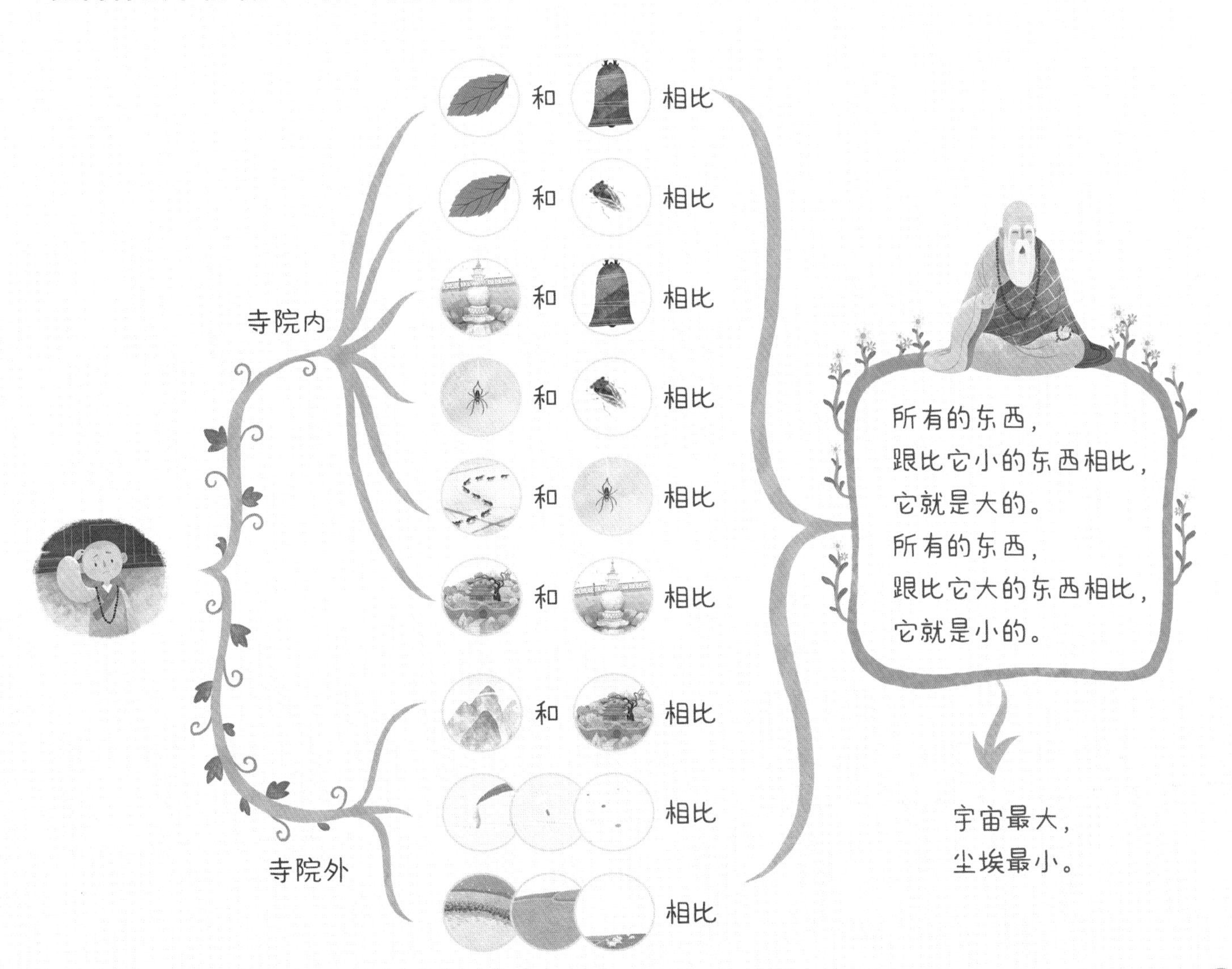

数学真好玩

·扫帚对对碰·

今天是庙里的大扫除日，小沙弥负责把扫帚分给老禅师和大师兄，原则是根据他们的个头大小，分配相应大小的扫帚。请你连一连，帮助小沙弥为每个人分到正确的扫帚吧。

· 迷路的小沙弥 ·

小沙弥想要得到对面的糖饼，但他只能沿着一排里个头最小的石头抵达对面，你能帮他画出正确的道路吗?

·看图填一填·

结合下面的图片，比一比句子中提到的事物大小，并给正确的答案打勾。

1.蜘蛛比秋蝉_____。（大/小）

2.蜘蛛比蚂蚁_____。（大/小）

3.蜘蛛、秋蝉、蚂蚁相比，______最小。（蜘蛛/秋蝉/蚂蚁）

4.树叶、蚂蚁、秋蝉相比，树叶______。（最大/最小）

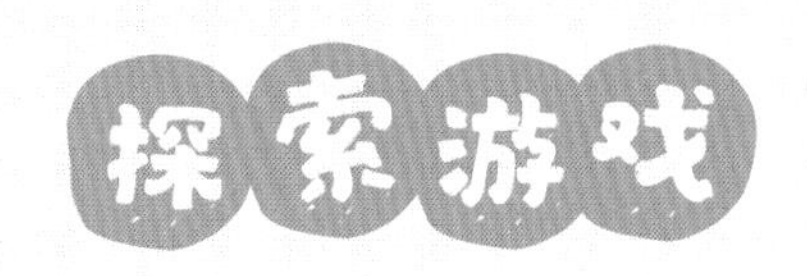

·身边的大与小·

1.大手拉小手

比较孩子的手、爸爸的手和妈妈的手的大小，说一说“谁的手最大”“谁的手最小”。

2.鞋子排排坐

把家里的鞋子找出来，按照大小排序。除此之外，还可以玩分类，比如按照颜色分类、按照季节分类等；玩计数，比如孩子有多少只鞋，爸爸有多少只鞋，谁的鞋多，谁的鞋少等。

3.水果对对碰

找几个大小不同的水果，比如蓝莓、樱桃、苹果、西瓜，随机组合，让孩子用正确的词汇描述它们的大小。

知识点结业证书

亲爱的______________小朋友，

恭喜你顺利完成了知识点“**比较大小**”的学习，你真的太棒啦！你瞧，数学并不难，还很有意思，对不对？

下面是属于你的徽章，请你为它涂上自己喜欢的颜色，之后再开启下一册的阅读吧！